小小夢想家
貼紙遊戲書
建築師

新雅文化事業有限公司
www.sunya.com.hk

小小夢想家貼紙遊戲書

建築師

編　　寫：新雅編輯室
繪　　圖：郭中文
責任編輯：黃稔茵
美術設計：郭中文
出　　版：新雅文化事業有限公司
　　　　　香港英皇道 499 號北角工業大廈 18 樓
　　　　　電話：(852) 2138 7998
　　　　　傳真：(852) 2597 4003
　　　　　網址：http://www.sunya.com.hk
　　　　　電郵：marketing@sunya.com.hk
發　　行：香港聯合書刊物流有限公司
　　　　　香港荃灣德士古道 220-248 號荃灣工業中心 16 樓
　　　　　電話：(852) 2150 2100
　　　　　傳真：(852) 2407 3062
　　　　　電郵：info@suplogistics.com.hk
印　　刷：中華商務彩色印刷有限公司
　　　　　香港新界大埔汀麗路 36 號
版　　次：二〇二四年五月初版

ISBN: 978-962-08-8336-1
© 2024 Sun Ya Publications (HK) Ltd.
18/F, North Point Industrial Building, 499 King's Road, Hong Kong
Published in Hong Kong SAR, China
Printed in China

小小夢想家，你好！我是一位建築師。你想知道建築師的工作是怎樣的嗎？請你玩玩後面的小遊戲，便會知道了。

建築師 小檔案

工作地點： 辦公室、建築工地

主要職責： 設計建築物，如：房屋

性格特點： 具創意，有空間感，對周邊環境富好奇心

建築師上班了

建築師來到辦公室了，準備開始一天的工作。請從貼紙頁中選出貼紙貼在下面適當位置。

設計房屋

　　建築師正在設計一個住宅單位。請先把下方平面圖上的虛線連起來,然後根據客戶的要求及右下方的填色指示,把房間填上指定顏色。

我需要一個客廳、一個浴室、一個廚房和兩間睡房。

填色指示:

平面圖與立體模型

建築師設計樓宇時，會繪畫平面圖和製作立體模型，來看看自己的設計是否可行。小朋友，請用線把平面圖和相應的立體模型連起來。

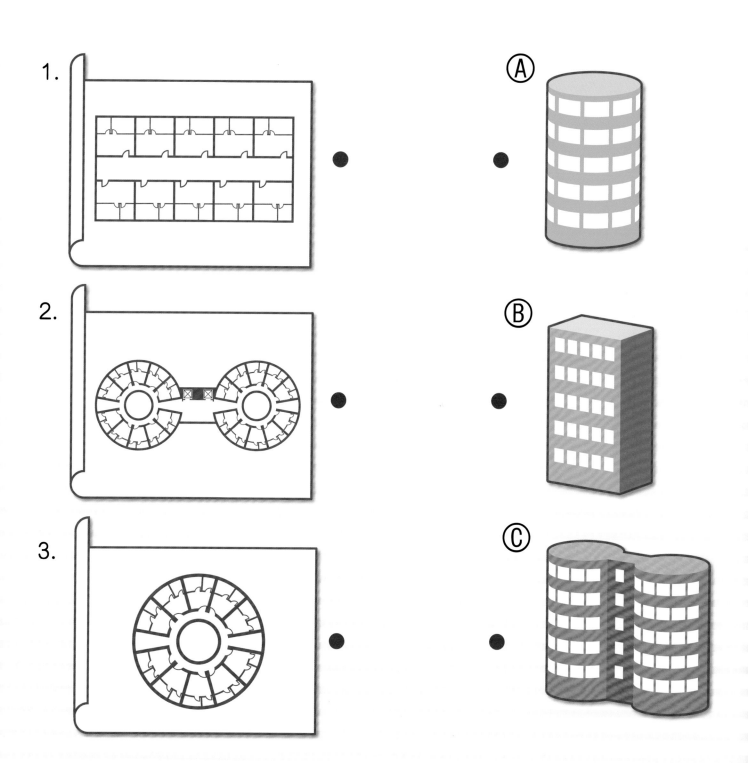

鋪設水管

　　住宅單位有不同排水裝置，如：洗手盆。建築師需把這些排水裝置連接至水管。請從貼紙頁選出合適的貼紙貼在下面適當位置，把水管連接起來。

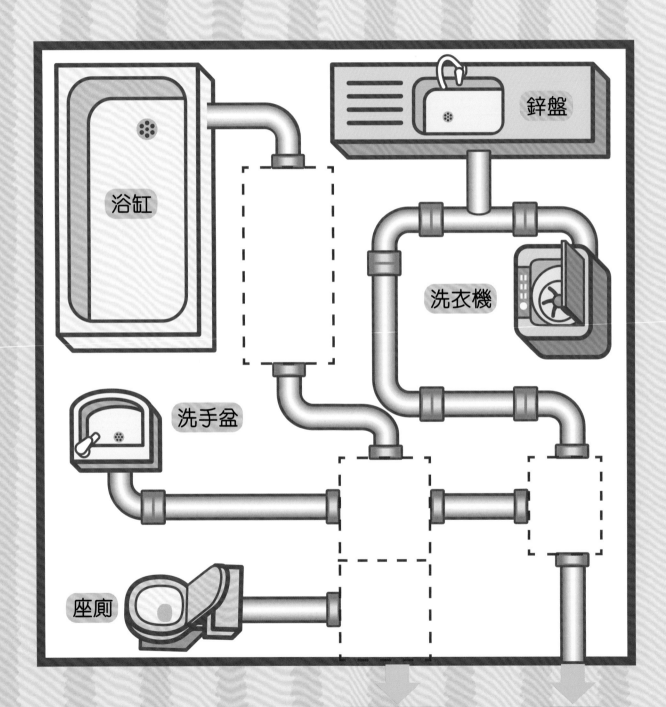

鋪設電線

除了排水裝置，住宅單位還有很多電器。請把下方的虛線連起來，觀察一下建築師是怎樣設計電線走位和安排電掣位置吧。

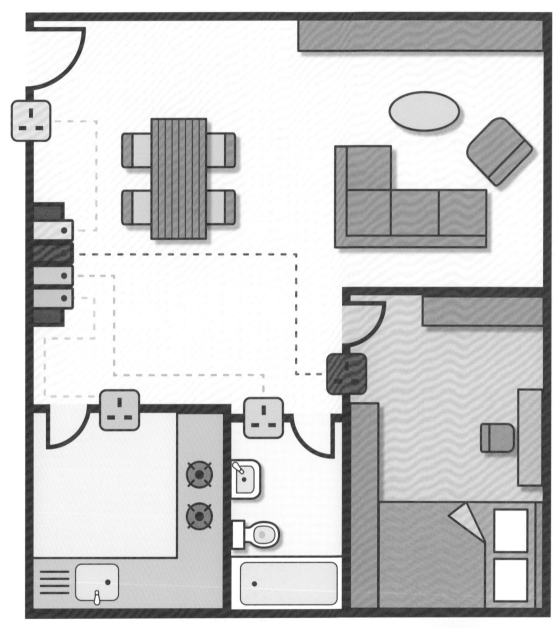

鋪設電線的工人會戴上安全手套，防止觸電。

規劃社區

做得好！

為了提供舒適安逸的生活環境予居民，建築師正在規劃房屋周邊的社區，如：休憩區和商店區。請從貼紙頁選出設施貼紙貼在下面適當位置。

休憩區

住宅區

商店區

認識建築材料

建造房屋時，會用到不同建築材料，如：瓷磚、玻璃及木地板。請從貼紙頁選出建築材料貼紙貼在下面適當位置。

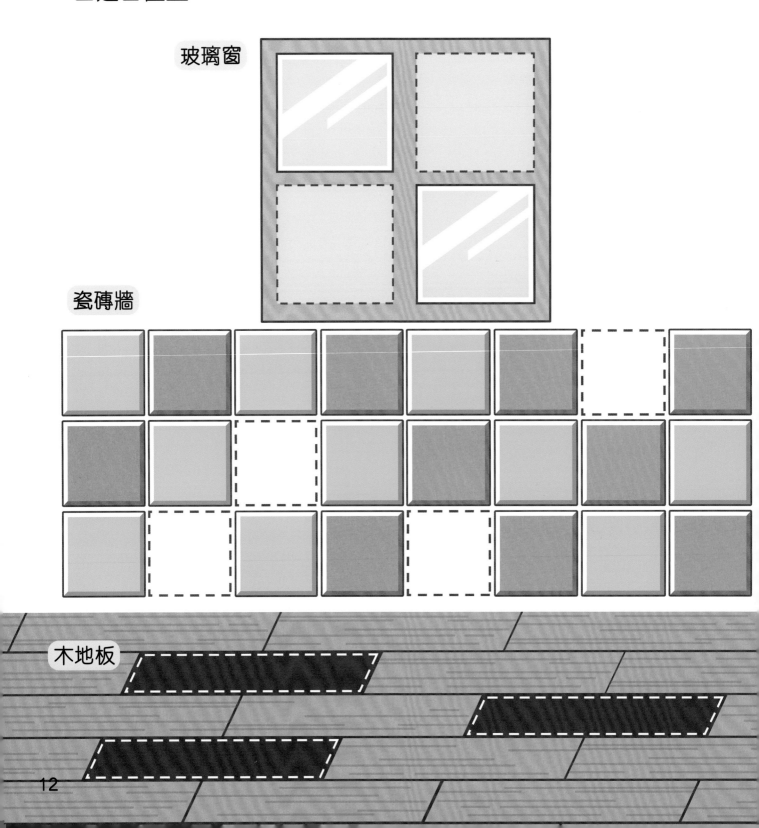

玻璃窗

瓷磚牆

木地板

環保建築物料

近年，越來越多建築物料是循環再造的。請看看下面的原材料和製作工藝，畫直線把生產出來的環保建築物料連起來。

原材料	廢棄鋼材	玻璃樽	舊輪胎

製作工藝	熔化後，製成新鋼材。	壓成碎砂，混入其他材料，攪拌成混凝土後定型。	打碎後，製成橡膠粉。
	1. ●	2. ●	3. ●

	Ⓐ ●	Ⓑ ●	Ⓒ ●
環保建築物料	環保地磚	全新鋼材	田徑跑道物料

搭建築棚

　　為確保工程施工順利，建築師來到建築工地視察，卻發現建築外牆的築棚未固定好，有可能造成危險！小朋友，請用✘貼紙貼在築棚有危險的地方。

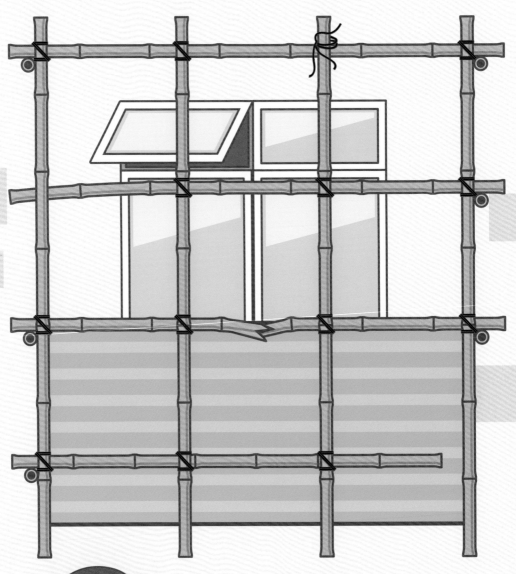

築棚是傳統建築技術，工人會在固定好的築棚上面行走和工作。

搬運建築材料

　　搭建高層建築時，建築工人經常用到塔式起重機，將建築材料從低處運往高處。請你把下面圖畫的代表字母，按使用塔式起重機的正確順序填在 ◯ 內。

建築中的安全隱患

建築師來到建築工地內部檢視施工進度，卻發現了一些安全隱患。請你找出這些安全隱患，把它們圈起來。

（提示：共 6 處）

16

驗收房間

　　房屋搭建好後，建築師需檢查和驗收。請你聽聽建築師的驗收結果，在房屋圖上，把與平面圖不符的地方圈出來。

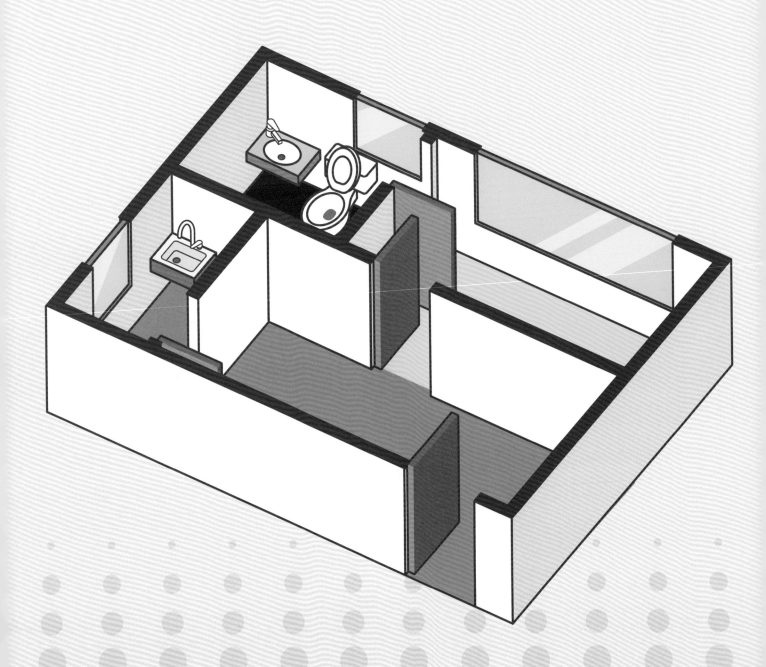

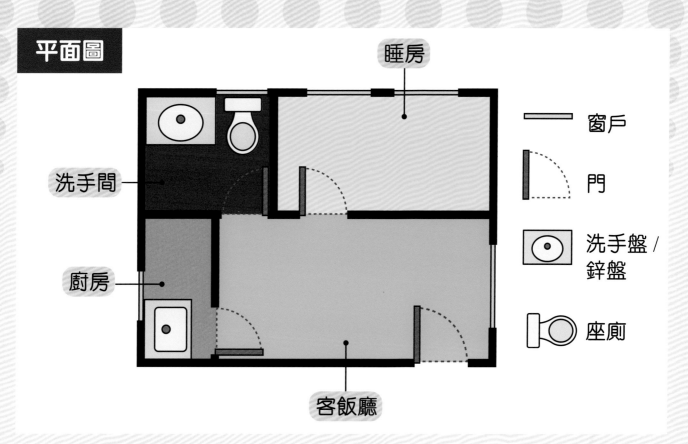

平面圖

睡房

洗手間

廚房

客飯廳

窗戶

門

洗手盤 / 鋅盤

座廁

✘ 洗手間門的位置出錯。

✘ 客飯廳缺了窗戶。

✘ 廚房鋅盆的位置出錯。

✘ 睡房窗戶的數量出錯。

建築用車

　　在建築工地上，我們時常看到不同工程車輛和機器，它們可便利建築工人工作。小朋友，看看下面的介紹，請把相應的工程車貼紙貼在正確的影子上。

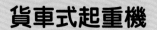

貨車式起重機

俗稱「吊臂貨車」或「吊雞車」，兼具運輸及吊運重物的功能。

推土機

前方裝有大型的金屬推土刀，用於推送泥、沙及石塊，平整建築工地。

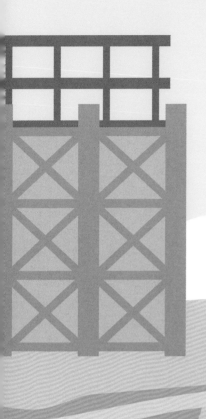

挖掘機

又稱「挖土機」，用來挖掘
和裝載鬆散物料。

混凝土攪拌車

車上裝有圓筒型攪拌筒，用來運載混合後的
混凝土至建築工地。

參考答案

P.6

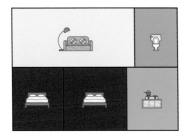

P.7

1. B   2. C   3. A

P.8

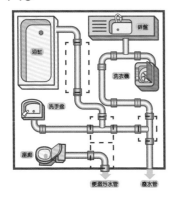

P.13

1. B   2. A   3. C

P.14

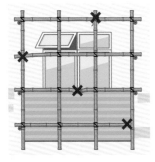

P.15

P.16 - P.17

P.18 - P.19

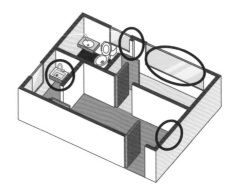

P.20 - P.21

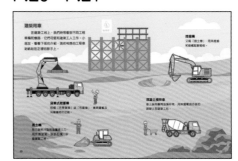

Certificate

恭喜你！

_____（姓名）完成了

小小夢想家貼紙遊戲書：

建築師

如果你長大以後也想當建築師，

就要繼續努力學習啊！

祝你夢想成真！

家長簽署：_____

頒發日期：_____